引爆孩子自控力

徐慧莉 / 著

张九尘 娄晓玮 / 绘

苏州新闻出版集团

古吴轩出版社

图书在版编目（CIP）数据

引爆孩子自控力 / 徐慧莉著；张九尘，娄晓玮绘.

苏州：古吴轩出版社，2024. 9. -- ISBN 978-7-5546
-2427-2

Ⅰ. B842.6-49

中国国家版本馆CIP数据核字第202475R4U0号

责任编辑：顾 熙
见习编辑：张 君
策　　划：刘洁丽
封面设计：扁 舟

书　　名：引爆孩子自控力
著　　者：徐慧莉
绘　　者：张九尘　娄晓玮
出版发行：苏州新闻出版集团
　　　　　古吴轩出版社
　　　　　地址：苏州市八达街118号苏州新闻大厦30F
　　　　　电话：0512-65233679　　邮编：215123
出 版 人：王乐飞
印　　刷：天宇万达印刷有限公司
开　　本：670mm×950mm　　1/16
印　　张：11
字　　数：42千字
版　　次：2024年9月第1版
印　　次：2024年9月第1次印刷
书　　号：ISBN 978-7-5546-2427-2
定　　价：49.80元

如有印装质量问题，请与印刷厂联系。0318-5695320

小辰

急躁，不会记笔记，学习没有重点。口头禅："这有什么难的？我一学就会！""这有什么好背的？我过目不忘！"

露雅

聪慧乐观，兴趣广泛，学习有方法，笔记记得清晰、有条理。上课、做题专注认真，考试前准备充分，喜欢和小伙伴一起讨论错题、难题，解决困难。

天天

一上课就犯困，学习总是马马虎虎，丢三落四，羞怯内向，畏难，不敢说出和面对学习上的困难。口头禅："嗯嗯，我会了。""哦哦，知道了。""有道理……确实挺简单的。"

陈博士

陈博士很博学，能够提供很多建议给小朋友们。

目录

第五章

我们能够好好表达

附录

我该怎么理解我的

小情绪

学校

1 所有情绪都很重要

天天，你怎么了？

数学考试我考得不好，但我不想让别人看到我不开心。

嗯，哭过以后心情好多了。

每个人都有好情绪和坏情绪，这些情绪都很重要。难过了，就释放出来吧！

Tips

　　我们的情绪是多种多样的，有高兴、惊喜、愤怒、哀伤、吃惊、恐惧、厌恶等。高兴和惊喜是正面情绪，愤怒、哀伤、吃惊、恐惧和厌恶是负面情绪。

　　我们的情绪会随着周围的环境、自己的心理变化而变化。每一种情绪都很重要，当我们情绪不佳时，要学会及时调节和疏导，让自己多处于正面情绪中。

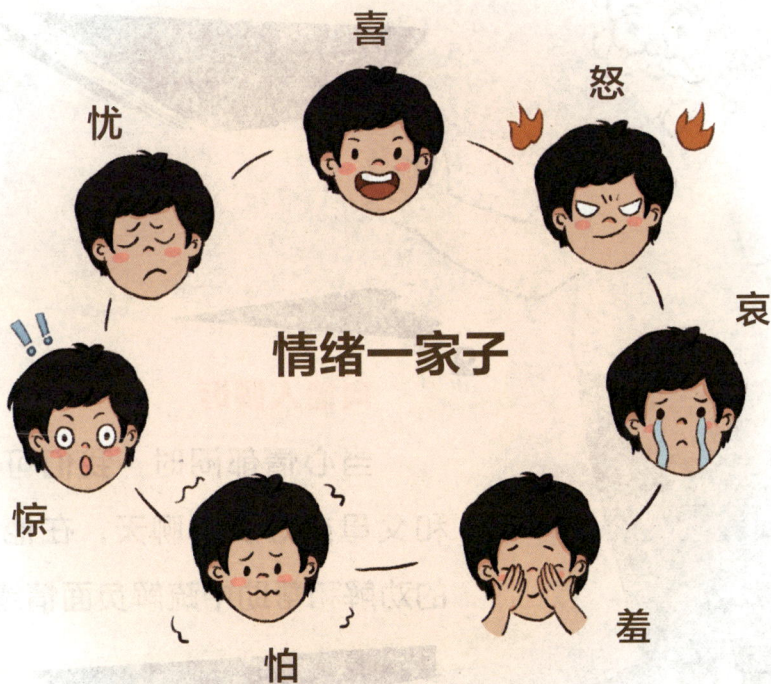

喜

怒

忧

哀

情绪一家子

惊

羞

怕

陈博士 三十六计小锦囊

当处于负面情绪时，我们可以这么做：

1 接纳情绪

快乐或悲伤都是正常的情绪。要学会接纳自己的小情绪，因为这些情绪早晚都会过去的。

2 向他人倾诉

当心情郁闷时，我们可以和父母或好友聊聊天，在他人的劝解和帮助中疏解负面情绪。

3

转移情绪

可以做一些自己喜欢的事，如运动一下，读短篇小说，或者写一写日记，来转移情绪。

4

自我解嘲

面对不良情绪，我们还可以幽默地自我解嘲。这样做不但不会贬低自己，反而能使自己的心理回弹性更好、更健康。

教室

2 不用压抑自己的**想法**

我想去博物馆。天天，你想去哪儿？快跟老师说啊！

不敢说，我怕老师不采纳。

我想去公园。

不用压抑自己的想法，大胆地说出来，说不定老师就采纳了呢。

老师，我想去科技馆。

同学们，下周一班级要组织秋游，把你们想去的地方说出来。

压抑是指把自己的情绪放在心里，不让别人察觉，它的产生与所受的挫折和压力有关。在生活中，当我们面临过多的挫折和压力时，最容易产生压抑心理。压抑心理会让我们处于焦虑状态中，我们要想办法尽快疏解它。

陈博士 三十六计小锦囊

1

自我暗示

提醒自己：这不是什么难题，我能很好地表达出来，即便错了也没关系。

2

让家人给予支持

当我们心生怯意时，请家人给我们支持和鼓励，让自己变得勇敢而自信。

3 **主动训练**

可以参与演讲、朗诵等活动，让自己变得勇敢而从容，不再害怕出错。

4 **和同伴相互鼓励**

与小伙伴约好，当自己不能勇敢地表达自我时，请对方提醒自己，从而改变畏惧心理。

回家路上

3 # 嫉妒了

怎么办？

露雅这次写的作文得了A，骄傲得像只小公鸡，我才不跟她一起走呢！

天天，你为什么不跟露雅一起走啊？

我就是嫉妒了，不可以吗？

哈哈，我知道了，你是嫉妒露雅。

Tips

当我们与别人比较时，会发现自己有诸多不如别人的地方，有些人还会产生负面情绪，包括：焦虑、恐惧、悲哀、猜疑、羞耻、自咎、消沉、憎恶、怨恨等。在生活中，人们称它为"红眼病"，它会让我们因嫉妒而自卑、怨恨，最后迷失自我。

真让人嫉妒！

陈博士 三十六计小锦囊

当产生了嫉妒心理时，我们可以这么做：

1 **认清嫉妒的危害**

嫉妒的行为，既伤害了别人，也贻误了自己，让我们和同学的关系处于紧张中，对自己的身心健康不利。

2 **提高认知**

别人取得了成绩，是他付出努力的结果。我们应多在学习上下功夫，不要过分关注彼此的差距。

3

努力提升自己

把精力集中在自我提升上，让自己也取得好的成绩，从而消除心中的落差感。

4

正视自我

我们要学会接纳自己的不完美，同时肯定自己的优点和价值，做内心轻松、有活力的少年。

广场

4 天天的 小自卑

"尺有所短，寸有所长"，你也有你的优点啊！

露雅，小辰，你们俩太优秀了，我一个奖都没得到，太没用了。

就是，天天唱歌可好听了，像百灵鸟一样。

天天，你有一点小自卑呢，一定要克服啊！

嘿嘿，谢谢提醒。

Tips

在与人交往的过程中，我们如果对自己认识不足，有可能会对自己产生过低的评价，表现出害羞、不安、内疚、忧郁、失望等。当自卑充斥内心，我们便会失去自信心、判断力和主见，做事也会畏首畏尾。长此以往，会产生悲观、失望的情绪，从而失去与人交往的勇气和能力。

自卑

陈博士 三十六计小锦囊

当产生了自卑心理时，我们可以这么做：

1 **积极暗示，正确地评价自己**

在心里提示自己，"我可以坚持下去""我可以独立完成"。如果成功了，会极大地提升自信心，找到自己擅长的事情。

2 **做好学习计划**

针对自己的学习弱点，要做好阶段性的学习计划。小目标的达成，能激发学习动力和自信心。

我能行

3

调整认知，不和他人比较

"金无足赤，人无完人。"发现自己的优点，关注自己的进步，循序渐进，享受自己的成长过程。今天的自己比昨天的好，那便是进步。

4

强化训练，提升信心

在日常生活中，如果我们的性格有点内向和拘谨，那么我们就要多和好友互动交流，或多做一些户外运动，提升体能，也提升信心。

操场

5 同学之间的偏见消失了

Tips

　　偏见是指我们脱离客观事实而建立起来的对某人或某事的消极认知和态度。产生偏见的原因有很多，与每个人的生活环境、固有思维和信息偏差等因素有关。当我们与别人的差异越大，产生偏见的可能性就越大，所以要想消除偏见，就得找到产生偏见的原因。

陈博士 三十六计小锦囊

1 开阔眼界

多读书，开阔自己的眼界，不要道听途说，或执着于一些小事的对与错。

2 加强沟通

语言的力量是强大的，当偏见存在时，我们要主动与别人沟通，消除隔阂。

3

自我反省

如果对别人有意见，我们可以先问问自己：是不是对别人有偏见？如果有，就及时改正过来吧。

4

做好自己

当别人对我们有偏见时，如果改变不了，可以选择冷处理。认真地生活、学习，不必考虑太多，过于在意别人的偏见只会让自己陷入负面情绪中。

📍 教室

6 觉得吃亏了怎么办？

回头我和你一起，找他们公平比赛。

刚才跟隔壁班的同学进行溜溜球比赛，他们两个人战我一个人，我吃了大亏。

天天，你怎么了呀？

哈哈，有时候我们还可以通过公平的方式挽回自己的尊严嘛。

去了别吵架啊，要知道"吃亏是福"。

Tips

　　在与同学比赛时，当我们觉得自己吃亏了，可以通过正确的方式挽回自己的损失，比如：约对方下一次再比。这样做，既可以与对方切磋一下技艺，让自己心理达到平衡，还可以提升双方的竞争意识，是一个不错的选择哦。

陈博士 三十六计小锦囊

当觉得委屈和不公平时，我们可以这么做：

1 调整认知标准

感觉委屈和不公平，要判断是否主观认知受限。如果通过观察发现是自己的主观感受，要及时调整自己的认知标准。

2 保持好心态

任何时候都要保持好心态，不被别人的情绪和言语左右。

3 **积极交流**

可以把自己的感受告诉父母、老师或好友，积极交流，找到解决办法。

4 **提升自己**

面对当下的不公平，不要气馁，不如在学习或比赛项目上更用心一些，提高学习能力，增加知识储备量。

小辰家

7 被别人误会了怎么办？

小辰，你看上去有点儿不开心，发生什么事了吗？

今天课间我跳绳时，绳子不小心碰到同学身上，同学说我是故意的。

小辰，那你是故意的吗？

当然不是。那个同学误会我了，我想跟他解释，但他就是不愿意听。

没事的，等同学心情好的时候，你再向他道歉。

Tips

　　在与同学交往的过程中，我们可能会因为一些小事或无意间说出的话，而产生不必要的误会，使彼此的关系变得紧张。但是同学之间，需要友善、礼貌、和谐地相处，不妨主动沟通，冰释前嫌。

陈博士 三十六计小锦囊

当觉得自己被别人误会时，我们可以这么做：

1 有效沟通

如果对方愿意听你解释，那么我们可以加强与对方的沟通，消除彼此之间的误会。

2 找合适时机沟通

误会产生后，我们需要冷静下来，等到对方心情好的时候，再跟对方进行沟通。

3 **请人调解**

　　假如对方不肯听我们解释，可以请双方都熟悉的同学从中进行调解，将误会消除。

4 **顺其自然**

　　经过多番努力，若对方仍不肯原谅自己，说明对方并不在意彼此的关系，那么顺其自然就好，时间会给出答案。

让自己
冷静下来

操场

8 # 怎样让自己放松?

还第一名呢，能跑完就不错了。我现在好紧张，全身都在发抖。

露雅，好好跑，争取拿第一名。

你不要吓唬自己，这段时间你这么努力地训练，你一定行的!

对! 你只要放松一点，就能取得好的成绩。

Tips

　　在面对一件很重要，并且我们有所预期的事时，紧张是很正常的表现。我们只要调整好心态，让心情放松下来，以积极的态度来面对，就能取得事半功倍的效果。

陈博士 三十六计小锦囊

比赛前，我们想让自己放松下来，可以这么做：

1 深呼吸

在竞技现场，可以提前做几组深呼吸，让紧张的心情平复下来。

2 分散压力

在比赛之前，可以转移注意力，专注于比赛前的热身，熟记比赛规则或复习知识点，使压力得以分散。

3 　享受过程

　　全身心地投入比赛中，不过分追求必胜的结果。即便不能得奖，参与过程也是美好的。

4 　调整心态

　　这只是一场比赛，不要有太大压力。如果能取得好成绩，当然是自己努力的回报；即使失败了，也能知道差距在哪儿。

放学路上

9 生气
有哪些危害？

小辰，今天是我俩做值日，你怎么先跑了啊？我告诉你，我生气了。

啊，我都给忘了。天天，不好意思啊，我向你道歉。

道歉有什么用？你知道一个人做值日有多累吗？不想原谅你。

天天，小辰肯定不是故意的，就原谅他这一次吧！

Tips

　　愤怒是一种最常见的负面情绪，它有极大的危害性。在这种负面情绪的影响下，我们会做出错误的决定，或做出一些攻击性的行为，伤害自己，也伤害他人，是一种得不偿失的行为。我们要尽可能避免生气。

　　另外，控制好情绪，也能让我们不成为一个带有情绪暴力的人。情绪暴力简单来说就是：以某种粗暴（打压、辱骂、指责等）的方式，肆意释放出自己的坏脾气，伤害他人的自尊，歪曲事实真相。

陈博士 三十六计小锦囊

当感到生气时，我们可以这样做：

1 冷静沟通

有可能是自己误会了对方，事实和我们想象中的不符，所以应第一时间控制自己起伏的情绪，冷静沟通。

2 找人倾诉

当我们心中感到气愤时，可以找人倾诉一下，把自己心中的愤怒释放出来。

3

客观判断

如果对方并不是故意的，我们要有宽容的胸怀；如果对方故意而为，我们可以选择远离他。

4

转移精力

不应用别人的错误惩罚自己，做一些让自己开心的事，比如做手工、画画、练书法、听音乐或运动，将精力逐渐转移到喜欢的事情上。

Tips

　　我们遭遇意外碰撞时，第一反应肯定是生气，很容易失去理智，与对方发生语言冲突，甚至肢体冲突。在这个时候，我们要强迫自己冷静下来，弄清楚事情发生的来龙去脉；如果对方并非故意的，应释怀，原谅对方，纠结下去会伤害身心。

冷静。

陈博士 三十六计小锦囊

当我们想要发脾气时，可以这样做：

1

冷静，延长坏情绪爆发的时间

让自己冷静几秒钟，先不要发火，这也许只是一个误会。

2

转移注意力

想一些开心的事，转移自己的注意力。

3 控制语速

过快的语速容易加深彼此间的误会，让对方以为你在发脾气。

4 保持愉快的心情

平时加强身体锻炼，亲近大自然，保持心情愉悦，对突发的小事才能更好地应对并解决。

11 吵架时，要如何冷静下来？

Tips

  同学玩闹时，把自己的东西弄到地上，作为当事人，我们难免生气，如果对方的态度还不好，两个人就可能会吵起来。不过作为同班同学，我们同学习、同玩耍，彼此之间很熟悉，平时应该友善相待，不要斤斤计较。玩闹的同学说声"对不起"，你再说一声"没关系"，依旧是好同学、好朋友！

陈博士 三十六计小锦囊

当我们与别人吵架时，这样做可以冷静下来：

1 找出原因

先要冷静下来，看看到底是谁的错。如果是自己的错，赶紧向对方道歉吧。

2 请求他人帮助

与同学吵架时，旁边一般会有其他同学，可以让其他同学帮我们化解矛盾。

3 不在小事上计较

平时跟同学在一起学习、生活，要多念及对方的善意和优点，不要在小事上太过计较。

4 接纳对方

换个角度考虑问题，对方在当时也许并非故意而为，相视一笑，能够化解许多不必要的争端。

广场

12 怎么让自己变得从容淡定?

小朋友，我要去阳光苑小区，请问你知道它在哪里吗？

阿姨，你朝前走几百米，向右拐后就到了。

你看上去好机灵，请给我带一下路吧。

对不起，阿姨，天快黑了，我要回家了。

露雅，你太厉害了，面对陌生人，能做到如此从容。

Tips

　　当我们遇到陌生人问路时，要有一定的警觉性，学会保护自己。现在网络如此发达，在正常情况下，如果对方要去什么地方，可以上网查询路线，不需要向我们小朋友询问。所以我们要有高度的警觉性，不给坏人有可乘之机，从而达到避险的目的。

要警惕！

陈博士 三十六计小锦囊

面对陌生人问路，我们应该这么做：

1 保持警觉

面对陌生人，我们要保持高度的警觉性，不要被对方的花言巧语所迷惑。

2 学会拒绝

我们要学会拒绝，并且向人多的地方走，或者向警察求助。

3 **指路不带路**

　　面对陌生人问路，我们只指路不带路，与对方保持距离。

4 **积累经验**

　　在平时，我们要多与人交流，从中多积累一些生活经验。

小朋友，能给我带路吗？

不行！

学校

13 考前紧张怎么办？

小辰，露雅，明天要期末考试了，你们俩紧不紧张？

那有什么好紧张的？没有什么题目能难得住我。

让自己放松下来，好好复习就行了。

厉害！我一到考试就紧张。露雅，你的成绩最好，给我支个招吧。

Tips

　　对于我们学生来说，考试、演讲、比赛等竞技性活动，都会让我们感到紧张，从而影响自己的发挥。我们要冷静地面对，放松紧绷的肌肉，保持轻松的心态，不要害怕人多的场合和他人的注视，让自己处于相对舒服的状态，从而正常发挥。

陈博士 三十六计小锦囊

1 认真复习

把要考的内容梳理清晰，对于掌握不透的知识，有针对性地进行复习，让自己做到胸有成竹，考试时便可以稳操胜券。

2 转移注意力

可以听着舒缓的音乐，做几组深呼吸，也可以到户外散步15分钟，让精神放松下来。

3 保证充足的休息

早一点上床休息，充足的睡眠能让我们精力充沛、大脑放松，能缓解我们考前的紧张情绪。

4 自我疏解

考试是每个学生都要面对的事情，一次考试的结果只是反映这一阶段的学习状态，不用和他人比较。

教室

14 总是胆小怎么办？

同学们，谁能背出与桃花有关的诗句？

人间四月芳菲尽，山寺桃花始盛开。

去年今日此门中，人面桃花相映红。

对不起，老师，我一站起来，脑子里就一团糨糊，一句诗都想不起来。

天天，你也说一个。你很长时间没有主动举手回答问题了。

Tips

生活中，我们变得胆小，原因是多方面的。

如果只是天性胆小，我们可以进行强化训练，战胜自卑、胆小心理，让自己变得落落大方。

陈博士 三十六计小锦囊

1 参与集体活动

多参与集体活动，和同学们多交流、多互动，平时互助互爱。

2 增强独立性

我们平时对父母和朋友不要过于依赖，要学会独立思考，独立解决问题，来增强自己的能力。

3 加强锻炼

平时可以在家人和朋友的帮助下，练习大声朗诵、背诵、唱歌等，锻炼自己的胆量。

4 寻找原因

平时胆小，是什么原因造成的呢？我们要对自己有所了解，才能有针对性地解决问题。

掌控自己的
时间

教室

15 什么是拖延症？

你刚才一直东玩西看的，所以抄题这么慢。我觉得你有拖延症啊！

天天，你的家庭作业题还没抄好吗？

还没呢，快了，再有五分钟就好了。

我妈妈也这么说我，可我一下子也快不了啊！

Tips

　　我们常说的"拖延症"，是一种习惯性行为，就是将昨天要做的事放到今天或者明天做，做事拖拖拉拉，总是比别人慢一拍。主要表现为懒散、缺乏自信心、执行力差等。其实，克服拖延症并不难，只要我们花点时间和精力，就能战胜它。

着什么急呀……

陈博士 三十六计小锦囊

1 **制订计划**

给自己制订一个计划，什么时候做什么事，严格按计划执行。如果没完成，就扣除一部分零用钱，以示惩罚。

2 **集中注意力**

在日常生活中，不管是哪个科目的作业，都要一心一意地去完成，不能半途而废。

3

加强训练

平时要加快"手"上的速度，提升熟练度，让我们的动作快起来。

小辰家

16 放学了**就想去玩，**不想做作业

Tips

爱玩，是孩子的天性，是生命力旺盛的体现。该玩的时候没有玩，我们的天性会受到压抑，等到家长不在身边时，就会出现一种报复性行为——不写作业，大玩特玩。所以，我们要处理好学与玩的关系，让自己玩得开心，学得有劲头。

陈博士 三十六计小锦囊

1 分析原因

如果老是想着玩，而不想写作业，这也许和最近的课程学不进去有关。找到原因，掌握基本知识点后，再做作业。

2 做有氧运动

写作业之前，可以做一些有氧运动，让大脑放松，然后全身心地投入学习中。

时间规划

时间	内容
16:20—17:30	户外运动
17:40—18:30	吃晚餐
18:50—20:30	写作业
20:40—21:20	洗漱
21:30	睡觉

3

课后交流

课后多和小伙伴交流学习心得。与同龄人多交流，对自身的学习和成长有利。

4

规划时间

放学后的时间是自己的，需要好好规划。比如，写完作业后，再听故事、做游戏、看动画片。如果穿插着来做，往往效果不佳哦。

公园

17 那些"诱人"的游戏真的非玩不可吗？

露雅，那个人好像天天啊！

玩游戏时间长了会上瘾的，我以前也这么玩，好不容易才戒掉的。

天天，天都快黑了，你怎么还在这里玩游戏不回家啊？

我就玩一小会儿，过一把瘾，等回家以后，妈妈就不让我玩了。

游戏就真的非玩不可吗？

对于孩子而言，使用电子产品玩游戏的诱惑是极大的。但是，如果电子游戏玩多了，视力会下降，体能会变弱，情绪会变得不稳定……所以使用电子产品玩游戏的时长，要控制在一天 30 分钟以内。

30分钟

陈博士 三十六计小锦囊

1 **增加户外运动**

为了不让自己沉迷于游戏，可以增加户外运动次数和频率，转移注意力。

2 **参与班级活动**

多参与班级活动，多与同学交流、玩耍，让自己每天都过得愉快、充实，减少玩电子游戏的需求。

72

3

培养好习惯

可以通过看书、画画、拼图等娱乐活动来充实自己。比如，给自己制订一个每天阅读 30 分钟的计划，踏踏实实地完成。

4

交益友

和有良好的习惯的同学玩，减少玩游戏的可能性。

小辰家

18 怎样做到节制和有序?

快了,只剩下一篇日记了,我看一会儿电视就去写。

小辰,你的作业写完了吗?

小辰,你打算看多长时间?

15分钟。妈妈,如果我忘记了时间,请您及时提醒我哦。

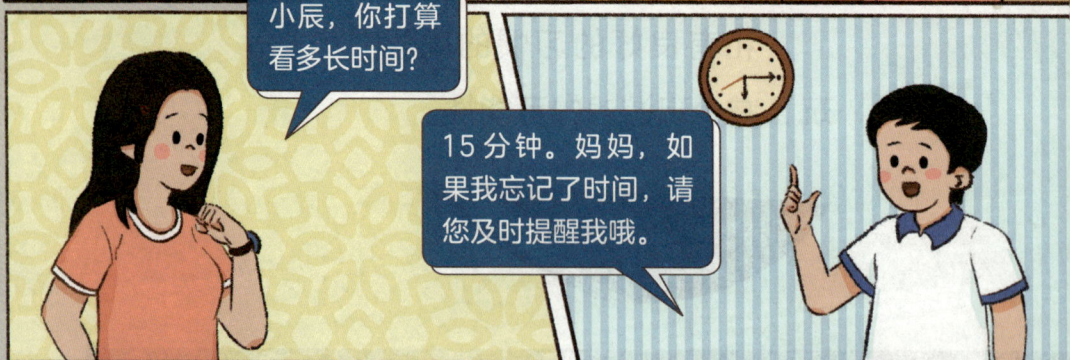

Tips

　　适当地看看电视，可以帮助我们开阔眼界、了解时事、增长见闻，提高应变能力，还可以增加与同学相处时的话题，缓解学习上的压力。

　　不过，我们要做到节制和有序，不能影响自己的学习和健康。

陈博士 三十六计小锦囊

想要做到节制和有序，我们可以这么做：

1 安排好时间

拟订学习计划，将看电视节目作为其中一项，安排好时间。

2 请父母监督

制订好计划后，执行时要严格，如果怕自己忘记，可以请父母进行监督。

3

选合适的节目

对于我们学生而言，要选择合适的节目观看，如纪录片等益智类节目，就是不错的选择。自己如果拿不定主意，可以请父母帮忙参谋。

4

信守承诺

如果怕自己禁不住诱惑，可以与父母达成一个约定：假如自己违反约定，就要接受相应的处罚。

小辰家

19 爱玩是 **孩子的天性**

哇，你爸爸真是太好了！

小辰，我们可不可以做完作业后一起玩游戏啊？

当然可以了，我爸爸下载了益智游戏，专门给我们玩的。

但是游戏时间要适度。

好的。

Tips

　　在前面的章节里，我们已经提到了，爱玩是孩子的天性，适度地玩游戏能带给我们幸福感，还能加快手眼脑的反应速度，提升专注力，产生正面情绪，有益身心健康。

陈博士 三十六计小锦囊

适度地玩游戏，我们可以这么做：

1 限时间

在家长的监督下遵守约定，到了时间就结束游戏。

2 有选择

如果我们想玩游戏，可以优先选择小型益智类游戏。

3

父母陪伴

我们想玩游戏时，可以跟父母商量，请他们陪我们一起玩。这样我们玩得开心，他们也会放心。

4

作为奖励

当我们取得好成绩时，请父母允许我们玩一次游戏，作为努力学习的奖励。

小辰家

20 对于完不成的事，**坚持**还是**放弃?**

妈妈，这首曲子我不会。我不想拉小提琴了。

小辰，小提琴是你自己选择的。你已经拉了3年，就这么放弃吗？

可是，我现在不喜欢了啊!

那这样吧，你好好考虑一下，然后再做决定，好吗？

好。

赛跑小书六十三章

Tips

坚持，是一个人的良好品质之一。世界上并不存在轻易得来的成绩，我们只有懂得了坚持的意义，才能克服困难，不断走向胜利的高地。在此过程中，我们还能培养意志力、耐力和克服困难的勇气。再坚持看看吧，小辰，希望这股力量会让你一路光明。

陈博士 三十六计小锦囊

当觉得自己坚持不下去了，我们可以这么做：

1 分解目标

将大目标分解成一个个小目标，逐步去完成，这样压力就没那么大了。

2 养成好习惯

养成一个好习惯至少需要 21 天。只要坚持下去，就会发现养成好习惯能帮助我们轻松过好每一天。

3

保持良好的状态

保持良好的状态，按照每日的安排完成作业、课外阅读、课前预习等内容。

4

奖励自己

当我们取得好成绩时，可以给自己一些物质奖励，以鼓励自己坚持下去。

学校

21 养成哪些好习惯能帮到我们？

露雅，你能不能告诉我，养成哪些好习惯对学习有帮助呢？

早睡早起，坚持运动，做完作业再玩，独立思考……这些好习惯都能帮到我们。

露雅，你真是太优秀了，每次都考得这么好，我妈妈对你赞不绝口。

习惯是指我们长久养成的生活方式。好的习惯能让我们终身受益，提高我们的自信心，提升学习效率，改善我们的健康状况，拉近我们与他人之间的距离。不过，好习惯并非一蹴而就的，它需要我们长时间的努力和坚持。

陈博士 三十六计小锦囊

想要养成好的习惯，我们可以这么做：

1 制订计划

做事要有目标，制订好计划，这样才能有的放矢。

2 保持热情

对待学习，我们要保持高度的热情，不可三分钟热度。

3

做事不拖拉

尽量做到今日事，今日毕，避免把事情留到第二天。

4

请人监督

我们年纪小，如果想要养成好习惯，请父母对自己进行监督，让自己可以坚持下去。

自己是自己的
掌控者

学校

22 我的压力来自哪里?

Tips

在学习时，我们常被一些事情干扰，这些事有的已经发生，有的将要发生，会让我们感到有压力。心理承受力强的同学，可以有效地化解这些压力；反之，心理承受力弱的同学则会让自己处于焦虑之中，不知如何应对。

陈博士三十六计小锦囊

1

制定易达成的目标

在日常生活中，我们要制定"跳一跳，能够到"的目标，不要把目标定得太高，不但实现不了，反而会打击积极性。

2

倾诉

如果感到有压力，我们可以向父母倾诉，把自己的困难说出来，寻求他们的帮助。

3

找小学伴

找到与自己要好的小学伴，同进同出同学习，向他人学习，养成好习惯，逐步减轻学习压力。

4

寓教于乐

我们在学习时，可以选择自己感兴趣的学习方式，激发我们的求知热情。比如：语文中的诗句接龙、数学中的减法游戏等。

小辰家

23 长时间的坏情绪会伤害我们的大脑吗？

小辰，最近你的情绪似乎不太好，能告诉爸爸为什么吗？

期末考试退步好多，太丢人了，我的心里好难受。

一次考试并不能说明什么，长时间的坏情绪会伤害我们的大脑。

可是，我调整不过来啊！

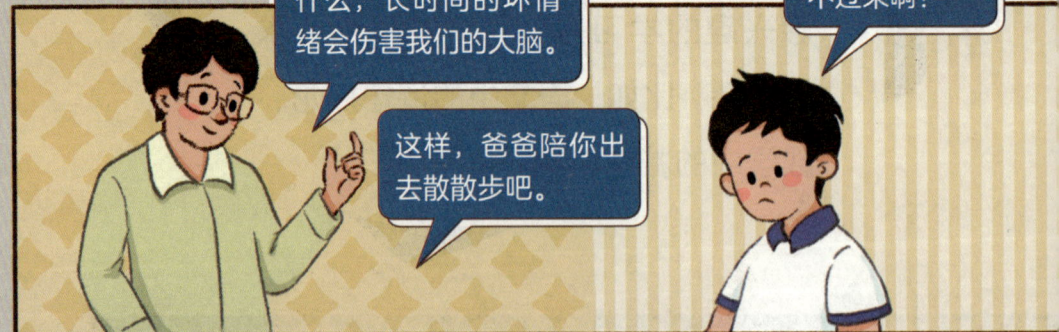

这样，爸爸陪你出去散散步吧。

Tips

　　长时间的坏情绪会影响我们的身心健康，容易引发高血压、偏头痛等，甚至还会引发抑郁症。所以，当发现自己心情不好，又一时难以调整过来时，我们就要警惕起来了，要有意识地向积极的方面调整，不让坏情绪长时间地停留。

陈博士 三十六计小锦囊

我们觉得自己被坏情绪所困时，可以这么做：

1 勇于面对

事情既然发生过了，后悔也于事无补，我们要积极地面对。

2 理解自己

人生有高潮，也会有低谷，这些是成长的必经之路。理解自己的情绪反应，不过多自责。

3 **找到原因**

找出自己情绪变坏的原因，对症下药，调整状态。

4 **向好友倾诉**

把自己的烦恼向好友倾诉，也许从别人的视角去看，那些问题并没有那么难以解决。

5 **自我安慰**

告诉自己"塞翁失马，焉知非福"。这时候运动一下、听听音乐、看看书，都是不错的选择。

24 如何让自己放松？

天天，你怎么老是打哈欠？我看你上课的时候也这样。

不知道为什么，最近我总是很紧张，晚上常做噩梦，还感觉有小虫子咬我。

天天，生活和学习上有什么烦恼可以告诉我们啊！要学会让自己放松哦。

Tips

    如今，生活节奏比较快，压力也很大。我们作为小学生，面临的压力也不少。有学习上的，有人际交往上的，还有生活上的，它们仿佛一座座大山，压得我们喘不过气来。所以，我们要学会适当减压，让精神放松下来，不要那么紧绷。

陈博士 三十六计小锦囊

1 放松身心

静静地坐下来，轻轻地闭上眼睛，专注于呼吸，放空自己的内心，排空大脑里杂乱的思绪。

2 休闲散步

作业完成后，和爸爸妈妈一起散散步，聊聊最近发生的趣事。

3

听音乐

一首轻松、舒缓的音乐，能起到安神、振奋的作用，帮助我们变得开朗、乐观，放松紧张的心情。

小辰家

25 情绪反弹了

怎么办？

不知道为什么，最近我的心情非常不好，情绪起起落落的，总想哭。

小辰，你怎么了？

小辰，你是不是遇到什么困难了？

小辰，妈妈下午带你去医院看看医生吧。

我也不知道。

Tips

　　人的情绪并不总是处于高潮，有时它还会陷入低谷。当我们遭遇阻力或陷入困境时，对什么都提不起精神，难以产生愉悦感，甚至丧失自信心，无端地自责，有时激进，有时呆滞……这种时候需要我们提高警惕，想办法及时调整过来。

陈博士 三十六计小锦囊

我们觉得自己的情绪起伏不定时，可以这么做：

1 梳理原因

看看近期是否有事影响到我们的情绪，比如：快要考试了，受到了不公平对待，等等。查明原因后，再想对策。

2 调节情绪

调节情绪的办法比较多，如练书法、深呼吸、运动、听音乐等，都能让我们释放压力、调节情绪。

3 **及时就医**

　　请父母带我们去医院，如果是身体问题，要及时进行治疗。

学校

26 和大脑商量，变得有精神

我最近遇到大麻烦了，大脑仿佛短路了一般，整天昏沉沉的。

天天，你去过医院了吗？

我们可以和大脑商量一下，把精气神提起来哦。

看过了，哪里都没有问题，但就是提不起精神来。

听你这么说，我也觉得全身懒洋洋的，感觉自己快要睡着了。

Tips

　　心理学家认为：我们与自己大脑的关系，是一种合作的关系。当我们想要完成一件事情时，先要让大脑知道我们的目标和计划，然后我们在大脑的帮助下完成它。我们如果总是抱怨，就是在告诉大脑："我有抵触情绪！"与之相应，大脑就会"怂恿"我们变得漫不经心，无法集中注意力。

陈博士三十六计小锦囊

我们提不起精神时，可以这么做：

1 适当休息

当我们感到疲劳时，是大脑需要休息了。不妨抽出 20 分钟小憩一会儿或补充营养，然后再继续学习。

2 激发活力

做一些自己喜欢做的事，如绘画、唱歌、跳舞，让大脑处于愉悦的状态。

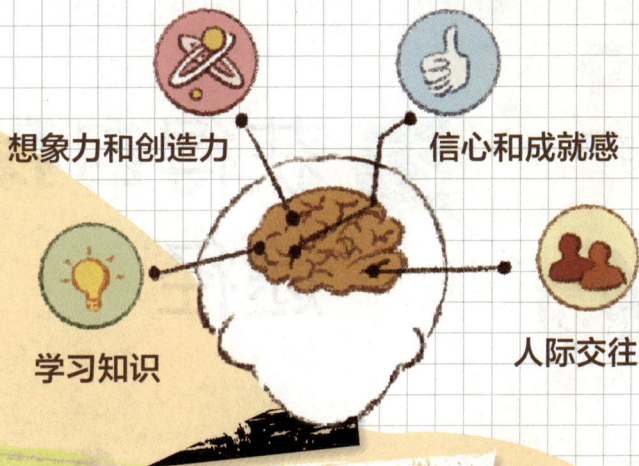

想象力和创造力

信心和成就感

学习知识

人际交往

3 亲近大自然

和父母或好伙伴一同去附近的公园、植物园游玩，观察树木、花卉，倾听水声、鸟鸣声。

4 与正能量的同学交往

与积极向上的同学交往，他们的自信和聪慧能振奋我们的精神。

27 获得自我肯定的途径

操场

哎呀，我真是太笨了，居然连一个球都接不到。

露雅，你多练练就行了。你学习那么好，打球肯定也差不了。

不知道为什么，我在运动方面非常不自信。

相信自己，万事开头难，你一定行的！

112

Tips

　　自我肯定，就是我们对自己的认可、欣赏，包括外在形象、精神层面、性格特征和行为表现等。为了保护自信心，我们需要不断地肯定自己的优点，认可自己的价值，从而促使自己更加优秀。

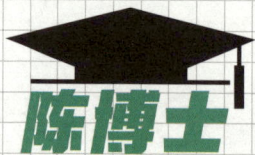

陈博士 三十六计小锦囊

想要获得自我肯定，可以这么做：

1 正面评价

收集家人和朋友对自己的正面评价，发现自己的长处。

2 找回自信

从以往的成绩中找回自信，比如考试、比赛中取得好的成绩等。

3 **反复练习**

学习能力或体能训练都需要长时间的练习才能熟能生巧。

4 **迎难而上**

万事开头难。面对不熟悉的领域，首次接触时会感觉困难重重，那是还没有熟悉规则和技巧造成的畏难心理，所以不要害怕，多学习几次，就能开个好头了。

小辰家

28 自己是自己的主宰者

小辰，你的眼睛红红的，是不是被老师批评了？

不是的，回来的路上，经过一个小摊时，被人无端地指责了一顿。

听一听音乐吧，不要被他人的错误影响。

妈妈，我的心情好多了，我发现我渐渐能掌控好自己的情绪了。

Tips

在生活中，我们的情绪会受到各种因素的影响，比如：看到不好的场景，听到不愿意听的话，等等，都会影响我们的情绪。面对这些，我们要提升认知水平，学习控制情绪的技巧，保持平静，用积极的方法战胜负面情绪。

陈博士 三十六计小锦囊

想要控制自己的情绪，我们可以这么做：

1 **接受自己的不完美**

　　每个人都是不完美的，我们要及早跟自己和解，接受不完美的自己，做独特的自己。

2 **有辨别是非的能力**

　　在现实生活中，我们要远离那些消耗自己的人或事，要有辨别是非的能力。

专注于学习。

3 **冷静处理**

面对影响情绪的事情时，我们要调节好心态，用积极的方法战胜负面情绪，比如：看书、练书法、写日记、听音乐等。

4 **内心有弹性**

我们要用聪慧的头脑和豁达的心胸铸造一个强大的内心，这样才能真正感受到自信、豁达和快乐。

露雅家

29 **自控力**是一种智慧的**策略**

今天外面特别冷，就不要出去跑步了。

不行呢，天气总是有好有坏，我已经制订好了锻炼计划，不能半途而废。

是啊，偶尔不跑也没什么关系，等天气好了再跑吧。

Tips

　　自控力是一种控制和约束自己的情绪和行为的能力。这是一种非常重要的能力，它影响着我们的学习、生活和社交。自控力强的人拥有合作精神，在学习和生活中更容易被大家认可，所以我们要学会控制自己的情绪和行为。

学习计划表

周一	周二	周三	周四	周五	周六

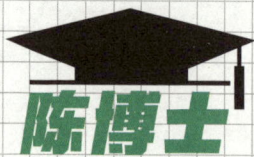

陈博士 三十六计小锦囊

想要拥有自控力，我们可以这么做：

1 **明确目标**

明确好学习目标，有了努力的方向，就要严格执行，不要轻易改变。

2 **循序渐进**

自控力的形成并非一日之功，可以制定一个个学习的小目标，循序渐进地完成。

3 **锻炼意志力**

　　要想拥有自控力，还需有坚强的意志和不达目的不罢休的韧性，这样才能不断地提高。

4 **与同伴共勉**

　　如果我们的自控力差，可以找自控力强的小伙伴帮忙，请他们提醒自己，逐步提高。

我们能够 好好表达

学校

30 什么是
无用的愤怒?

我的语文作业本不见了,把教室翻了个遍都没找到!

小辰,有没有可能被你的同桌拿错了?

小辰,你这是怎么了?发生什么事了吗?

我怎么没想到呢?我赶紧打电话问问他。

团结

Tips

　　愤怒是我们情绪的一部分，当我们遭遇挫折或者受到侮辱时，都会感到很愤怒，随之身体有一系列反应，如心率加快、肌肉紧绷和血压上升等，从而产生不好的情绪体验。

　　失去控制的愤怒会扭曲我们的判断能力，给我们带来负面影响。所以在愤怒情绪全面占领头脑前，我们要将它控制起来。

陈博士 三十六计小锦囊

面对即将爆发的无用的愤怒时，我们可以这么做：

1 面对现实

事情已经发生，愤怒解决不了任何问题，我们要理性地面对现实。

2 理性判断

当问题没那么糟糕时，冷静下来好好判断一下：问题出在了哪里？记住，好的情绪离不开理性的小脑瓜。

冷静。

3 **控制情绪**

　　如果当下很生气，那就冷静一会儿，这样才不会做出错误的决定。

4 **找小伙伴商量**

　　当感到愤怒且无法判断时，我们可以找小伙伴商量，让对方帮自己客观地分析情况。

教室

31 无法表达自己怎么办？

同学们，现在按照"人山人海"的格式仿写词语，请大家踊跃发言。

天天，你也说一个吧。

无声无息，大红大紫。

若隐若现，自言自语。

人山人海

Tips

　　有些人一说话就脸红心跳，无法表达自己的真正想法，这是过分紧张的表现。这跟个人的性格有关，也跟我们平时缺少训练有关，其核心是害怕自己出错而受到批评和反驳。出错并不可怕，我们要树立自信心，找到自己的优点和价值，克服怕出错就不表达的"社恐"心理。

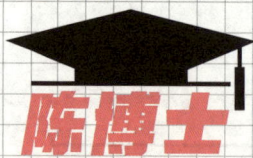

陈博士 三十六计小锦囊

一说话就脸红，无法表达自己时，我们可以这么做：

1 放松心情

在说话前，做几组深呼吸，使紧张的心情得以缓解，为建立自信心打下基础。

2 正视别人

勇敢地面对别人的视线，如果可能的话，可以在表达时报以微笑。

3 **消除羞怯感**

平时做一些自己能接受的有氧运动，提升肺活量和体能，逐步消除羞怯感。

4 **强化训练**

有意识地在公共场合进行训练，不要害怕出错。

32 怎样让自己做到心平气和？

别着急，天天，我还有备用文具可以借给你。

露雅，我忘记带文具了，这可怎么办呢？我好心急啊。

不用客气，已经发生了的事，着急上火也没有用啊。

谢谢你，露雅，所以你总能做到心平气和。

Tips

　　心平气和是指心情平静、内心平和、不易怒、远离浮躁。而浮躁是一种消极的情绪，是一种不可取的生活态度。浮躁会让我们处于恐惧、焦虑等不良情绪中，这会危害我们的身心健康，妨碍我们的正常生活，必须重视并加以预防。

陈博士 三十六计小锦囊

想要让自己心平气和，我们可以这么做：

1 储备知识

在平时的学习或生活中，我们对自己使用的物品、周围的环境和必须掌握的常识要有所了解，这样遇事就不会手足无措了。

2 平复心情

在问题没有那么严重的时候，可以积极地暗示大脑：这不是什么大问题，我可以找到解决办法。

3 **提前做好准备**

平时做事，可以提前做好准备，这样即使出现意外状况，也不会慌乱。

4 **制定目标**

平时浮躁主要是由于无计划、无目标。想学习时，却无从下手，所以要养成制定目标的习惯，并改正浮躁之气。

小辰家

33 为什么说**好心态**是心灵的良药？

今天，我的数学考了高分，本来我挺高兴的，后来看到天天也考了高分，我的心里就有点难过了。

那是为什么呢？

小辰，今天在学校里有没有发生什么开心的事啊？

天天的成绩没有我的好，现在考的分数居然跟我的一样。

小辰，你这是心态失衡了，所以才感觉不开心。天天也很努力啊，而你的努力我们也看在眼里。

Tips

　　我们在成长的过程中，有顺境，也有逆境。如果顺境时就趾高气扬，逆境时就垂头丧气，可不是好的心态。一位哲人说过："你的心态就是你真正的主人。"所以我们要拥有好的心态，它使我们乐观豁达，以平常心看待人或事。

陈博士 三十六计小锦囊

1 拥有自信

自信是成功的前提，也是好心态的基础。

2 学会转移注意力

可以转移注意力，做自己感兴趣、能够专注的事。

3 学会调节情绪

一次考试的失利、小伙伴的一句话，都有可能影响我们的心情。我们要学会调节情绪，保持平稳的心态。

4 减少嫉妒、误会和偏见

嫉妒、误会和偏见会让人失去理性判断，让人做出不恰当的行为或决定，所以要尽可能避免出现这些不良情绪。

放学路上

34 无原则地礼让可取吗?

今天课间休息时,我在看漫画书,同桌冲过来把书抢走了,还嬉皮笑脸的,我好生气。

天天,你这是怎么了?

天天,那可是你的同桌,你借给他看一下没什么大不了的。

不行!他平时老是为难我,我不能总是无原则地礼让。

Tips

礼让是人与人交往必不可少的美德，它能让我们与别人和睦相处，受到同伴的喜欢。适度地礼让是可以的，这要在双方都遵守规则的前提下；而无原则地礼让会打乱秩序，最终会伤害别人，也会伤到自己。

陈博士 三十六计小锦囊

1 **分清对象**

礼让对大多数人来说，是一种难得的美德，但也要分清对象，对坏人坏事就不能礼让。

2 **尊重选择**

无论他人是否礼让，都是一种正常的行为，我们要尊重每个人所做的选择，不做消极的评价。

3

明确规则

在有秩序的社会里，每个人都应该遵守规则、相互尊重，礼让需要在我们自觉自愿的情况下发生。

4

有力回击

对于一些无理取闹的人，首先，应避免缠斗；其次，在力所能及的情况下，可以据理力争，给对方以回击。

Tips

　　被好朋友伤害时，我们内心充满痛苦，甚至发誓再也不会原谅对方。不过，这么做会让自己更加痛苦，并长时间陷入其中，造成自我"内耗"。这个时候，我们不妨换一个角度，积极沟通，了解事情经过，解开矛盾。

原谅还是不原谅？

陈博士 三十六计小锦囊

1 **理性思考**

对方那么做到底有什么益处呢？他的行为和平时表现的相符吗？

2 **查清事实**

先把事情的来龙去脉了解清楚，再做出自己的决定。

3 评估双方关系

如果彼此之间仅是误会，自己还在意对方，不妨原谅对方，从而重修旧好。

4 不过分计较

如果我们总是跟别人斤斤计较，就容易被身边的人孤立，以后可能很难交到朋友了。

学校

36 我要**怎么安慰**生气的朋友？

小辰，都放学好久了，你怎么还不回家？

我和天天吵架了，现在很生气。

你们为什么吵架，可以跟我说说原因吗？或许我能帮你想想办法。

事情是这样的……

Tips

当好朋友生气时，我们是置之不理，还是帮助他疏解情绪呢？答案肯定是帮助他。作为好朋友，关心、理解、尊重是最基本不过的了！不过，我们在关心、帮助朋友的时候也要注意方法，如果方法不对，可能会适得其反。

陈博士 三十六计小锦囊

当朋友正在生气时，我们可以这么做：

1 **学会倾听**

倾听别人说话，是表达尊重的方式之一。耐心地倾听对方诉说，可以帮助他疏解内心的不良情绪。

2 **有效开导**

针对让朋友生气的问题，我们可以结合自身的经历，让他知道每个人都会遇到相似的困难，是能够找到办法解决的。

3 **真心陪伴**

如果对方不愿意说出原因，我们可以默默陪伴，静待他情绪稳定。

4 **快乐陪伴**

当朋友生气时，我们还可以陪他散步、运动、玩游戏，让快乐打败坏情绪。

游戏

数一数图中有几个蓝色圆球，并将它们从大到小排序。

有哪些颜色的方块数量相同？找出各颜色中最大和最小的方块。

白球多，还是黑球多？椭圆形的球有几个？将所有白球涂成黄色。

数一数一共有多少三叶草。把四叶草圈起来。

这些蓝色小球是不是很漂亮？将它们按颜色由深到浅排序。

哪些图可以配对组成长方形？将它们连起来。

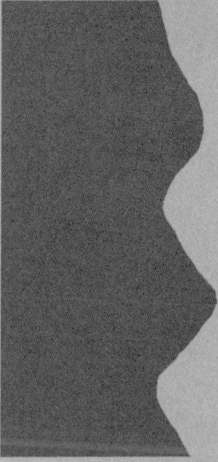

哪两个图形可以组成一个完整的月亮？把它们连起来。

把右侧的瓷器碎片剪下来，粘贴在白色图形内。